ICS 75.020
E 14
备案号：44889-2014

NB

中华人民共和国能源行业标准

NB / T 10004 — 2014

煤层气井压裂施工质量验收规范

Code for acceptance of construction quality of coalbed methane fracturing

2014-03-18 发布　　　　2014-08-01 实施

国家能源局　发布

目　次

前　言

本标准按照 GB/T 1.1—2009《标准化导则　第 1 部分：标准的结构和编写》给出的规则编制。

本标准由能源行业煤层气标准化技术委员会（NEA/TC13）提出并归口。

本标准起草单位：中联煤层气有限责任公司、西南石油大学、中国石油集团测井有限公司华北事业部。

本标准主要起草人：张晓朋、高海滨、薛海飞、刘通义、李阳。

引　言

煤层气井压裂施工与石油天然气相比，除了储层特性差异较大之外，压裂施工的设备、材料、配套技术及操作规程类似，因此本标准的制定主要借鉴了石油天然气行业的一些相关标准，并结合近年来煤层气井压裂现场实际施工情况进行了编写。

本标准未尽内容可参照石油天然气压裂施工有关行业标准执行。

煤层气井压裂施工质量验收规范

1 范围

本标准规定了煤层气井压裂施工的井下管柱，压裂设备，压裂液，支撑剂，压裂施工，压裂质量，健康、安全与环境要求的验收标准及资料汇总与上交内容要求。

本标准适用于煤层气井压裂施工质量验收，质量控制及资料验收可参照此标准执行。

2 规范性引用文件

下列文件对于本文件的应用是必不可少的。凡是注日期的引用文件，仅注日期的版本适用于本文件。凡是不注日期的引用文件，其最新版本（包括所有的修改单）适用于本文件。

SY/T 5108—2006 水力压裂用支撑剂的评定方法

SY/T 5211—2009 压裂成套设备

SY/T 5289—2008 油、气、水井压裂设计与施工及效果评估方法

SY/T 6376—2008 压裂液通用技术条件

3 压裂施工准备

3.1 井下管柱

压裂施工使用的井下管柱验收标准见表1。

表1 井下管柱验收标准

验收项目	合格标准
井口	井口规格应符合压裂设计要求，并用钢丝绳将四角绷住地锚固定
井下管柱	井下压裂管柱的规格及组合方式应符合压裂设计要求规定

3.2 压裂设备

压裂设备准备及具体性能指标的验收标准见表2。压裂施工前设备运行检查清单格式见表 A.1。

表2 压裂设备验收标准

验收项目	合格标准
压裂设备	储液罐清洁无残存液体及杂质，阀门操作灵活，无损伤
	砂罐车内保持清洁干净、无异物
	按设计要求备齐需用的压裂设备，施工前进行认真检查，确保压裂施工设备性能良好，安装正确
	压裂车正常运行时上水效率应大于85%，压裂车、混砂车连续作业3h以上
	压裂设备的供液能力大于设计的最大排量，供砂能力大于设计的最大加砂速度
	流量计、密度计计量误差小于5%，压力计误差小于1.5%
	地面管线应贴地面布置，从地面到井口、管汇连接用双弯头过渡
	未涉及部分应符合 SY/T 5289—2008 中 5.1.4 的规定
压裂设备性能参数	应符合 SY/T 5211—2009 的规定

3.3 压裂液

压裂液准备及具体性能指标的验收标准见表 3。井场压裂材料检查清单格式见表 A.2。配液质量控制检查清单格式见表 A.3。

表3 压裂液验收标准

验收项目	合格标准
压裂液	压裂液保持清洁，无杂质
	按设计配方和用量配制压裂液，配好后的压裂液性能参数值应符合设计要求
压裂液性能参数	压裂液性能应符合 SY/T 6376—2008 中 4.1 和 4.4 的规定

3.4 支撑剂

支撑剂准备及具体性能指标的验收标准见表 4。

表4 支撑剂验收标准

验收项目	合格标准
支撑剂	支撑剂保持清洁、无杂质
	支撑剂数量及规格应符合设计要求
支撑剂性能参数	支撑剂性能应符合 SY/T 5108—2006 第 4 章的规定

4 压裂施工

压裂施工验收内容包括设定限压、循环排空、试压、泵注程序、测压降和应急处理，验收标准见表 5。

表5 压裂施工验收标准

验收项目	合格标准
设定限压	对限压装置按照设计要求设定限压
循环排空	循环所有压裂车，逐台进行排空，保证各车上水良好
试压	地面高压部分按设计要求试压合格
泵注程序	逐台起泵，使泵注排量、液量、砂量达到设计要求，施工出现异常时，可根据实际情况及时合理调整
测压降	按照设计要求测压降
应急处理	依据具体情况按照设计要求中指定的应急处理预案进行处理

5 压裂质量

压裂质量验收内容包括顶替液量、总液量和总砂量，验收标准见表 6。压裂质量控制表格式见表 B.1。

表6 压裂质量验收标准

验收项目	合格标准
顶替液量	应达到设计要求
总液量	应达到设计要求
总砂量	一次施工达到设计要求或多次施工达到设计要求的 80%以上
注：由于地质原因造成施工困难和多次施工，满足以下任何一点压裂质量即可视为合格：① 总砂量达到合格要求；② 总液量达到设计要求。	

6 现场验收及资料汇交

6.1 现场验收内容

对压前准备、压裂施工和压裂质量进行验收。

6.2 现场验收要求

根据各项作业的施工设计及本标准规定的各项要求，进行现场施工验收。

6.3 资料汇交

资料汇交验收标准见表 7。压裂施工验收书格式见附录 C。压裂施工原始记录格式见附录 D。压裂施工总结格式见附录 E。

表 7 资料汇交验收标准

验 收 项 目	合 格 标 准
资料：压裂设计、压裂施工总结、压裂原始记录、压裂生产日报及压裂完井交接书； 光盘：压裂设计、压裂施工总结、压裂原始记录、压裂生产日报、压裂完井交接书、压裂施工曲线及压裂施工监测数据	各项资料及报告按要求格式编制，内容齐全，真实准确，文字通畅，用语规范，观点明确；压裂施工监测数据采样率为 1s 一个点；图表绘制正确，清晰美观，差错率<2‰，装订符合归档要求；资料具体份数按照各单位要求执行

7 健康、安全与环境保护

健康、安全与环境（HSE）保护的验收标准见表 8。

表 8 健康、安全与环境保护验收标准

验 收 项 目	合 格 标 准
健康、安全与环境保护	执行 SY/T 5289—2008 中 5.5.2 和 5.5.3 的规定

8 压裂施工综合质量

压裂施工综合质量验收标准见表 9。

表 9 压裂施工综合质量验收标准

验 收 项 目	合 格 标 准
压裂施工综合质量	所有验收单项不合格项不超过一项
注：验收过程采用压裂质量和 HSE 指标一票否决制，即压裂质量、HSE 指标任何一项不合格，则压裂施工综合质量视为不合格。	

附 录 A
（资料性附录）
压裂施工现场质量控制表格式

压裂施工前设备运行检查清单见表 A.1。井场压裂材料检查清单见表 A.2。配液质量控制检查清单见表 A.3。

表 A.1 压裂施工前设备运行检查清单

序号	装备名称	型号规格	数量	主要技术性能
1	压裂泵车			
2	混砂车			
3	仪表车			
4	高压管线			耐压强度： MPa
				管线最大长度： m
5	高压汇通			可接泵车： 台；卸压阀： 个
				耐压强度： MPa
6	低压汇通			耐压强度： MPa；接口数量： 个
7	低压管线			耐压强度： MPa；总长度： m
8	压裂液罐			单罐容积： m^3，出口闸门尺寸： m
				罐群总容积： m^3
9	供砂系统			单罐容积： m^3，总容量： m^3
				最大供砂速度： m^3/min； t/min
备注				
现场监督签字：			施工方签字：	

表 A.2 井场压裂材料检查清单

序号	添加剂名称	代号	设计用量 t	实际用量 t	包装描述	检查结论
1						
2						
3						
…						
现场监督签字：				施工方签字：		

表 A.3　配液质量控制检查清单

序号	检查项目	检查内容	检查结果	检查人签字
1	配液罐	是否有机械杂质		
		阀门情况		
2	转液泵	是否准备有足够的转液泵		
3	配液车及管线	是否有机械杂质		
		运转情况		
4	配液用水	水质情况		
5	压裂材料	材料是否齐全		
6	小样调试	结果是否达到设计要求		
现场监督签字：			施工方签字：	

________井施工负责人意见（是否同意液体入井）

施工负责人签字：

日期：　　年　　月　　日

附　录　B
（资料性附录）
压裂质量控制表格式

压裂质量控制表见表 B.1。

表 B.1　压裂质量控制表

<table>
<tr><th>序号</th><th>检查指标</th><th>施工结果</th><th>检查人签字</th></tr>
<tr><td>1</td><td>顶替液量</td><td></td><td rowspan="3"></td></tr>
<tr><td>2</td><td>总液量</td><td></td></tr>
<tr><td>3</td><td>总砂量</td><td></td></tr>
<tr><td colspan="2">现场监督签字：</td><td colspan="2">施工方签字：</td></tr>
</table>

附 录 C
（资料性附录）
压裂施工验收书格式

图 C.1 给出了压裂施工验收书封面格式。图 C.2 给出了压裂施工验收书正文内容要求。

××项目 （封面）

（小三号黑体，加粗）

压裂施工验收书 （小一号黑体，加粗）

（××口井××层） （小三号宋体、加粗）

×××公司 （小三号宋体，加粗）

二〇××年×月 （四号宋体，加粗）

图 C.1 压裂施工验收书封面

××××压裂施工验收书

（小三号黑体、居中）

<table>
<tr><td colspan="3">工程名称</td><td colspan="3"></td><td colspan="3">项目名称</td><td colspan="3"></td></tr>
<tr><td colspan="3">施工单位</td><td colspan="3"></td><td colspan="3">合同编号</td><td colspan="3"></td></tr>
<tr><td colspan="3">开工日期</td><td colspan="3"></td><td colspan="3">完工日期</td><td colspan="3"></td></tr>
<tr><td colspan="3">验收日期</td><td colspan="3"></td><td colspan="3">验收地点</td><td colspan="3"></td></tr>
<tr><td colspan="12">完工内容（对应井号实物工程量）：</td></tr>
<tr><td colspan="12">验收组意见：
20××年×月×日，××公司组织有关人员对乙方完成的××井××层的施工质量及原始资料进行了验收，意见如下：
井下管柱_____（合格/不合格），压裂设备_____（合格/不合格），压裂液_____（合格/不合格），支撑剂_____（合格/不合格），压裂施工技术_____（合格/不合格），压裂质量_____（合格/不合格），健康、安全与环境_____（合格/不合格），资料汇总与上交内容_____（合格/不合格）。
结论：压裂施工综合质量_____（合格/不合格）。
验收组负责人：
日　　期：</td></tr>
<tr><td colspan="12">验收组成员：</td></tr>
<tr><td colspan="4">施工单位</td><td colspan="4">监理单位</td><td colspan="4">建设单位</td></tr>
<tr><td colspan="4">项目负责人：

年　月　日</td><td colspan="4">监理单位负责人：

年　月　日</td><td colspan="4">××部负责人：

年　月　日</td></tr>
<tr><td colspan="12">主管领导：

年　月　日</td></tr>
</table>

图 C.2　压裂施工验收书正文

附 录 D
（资料性附录）
压裂施工原始记录格式

图 D.1、图 D.2 给出了压裂施工原始记录（封面、首页）的格式。表 D.1～表 D.3 给出了压裂施工原始记录正文内容要求。

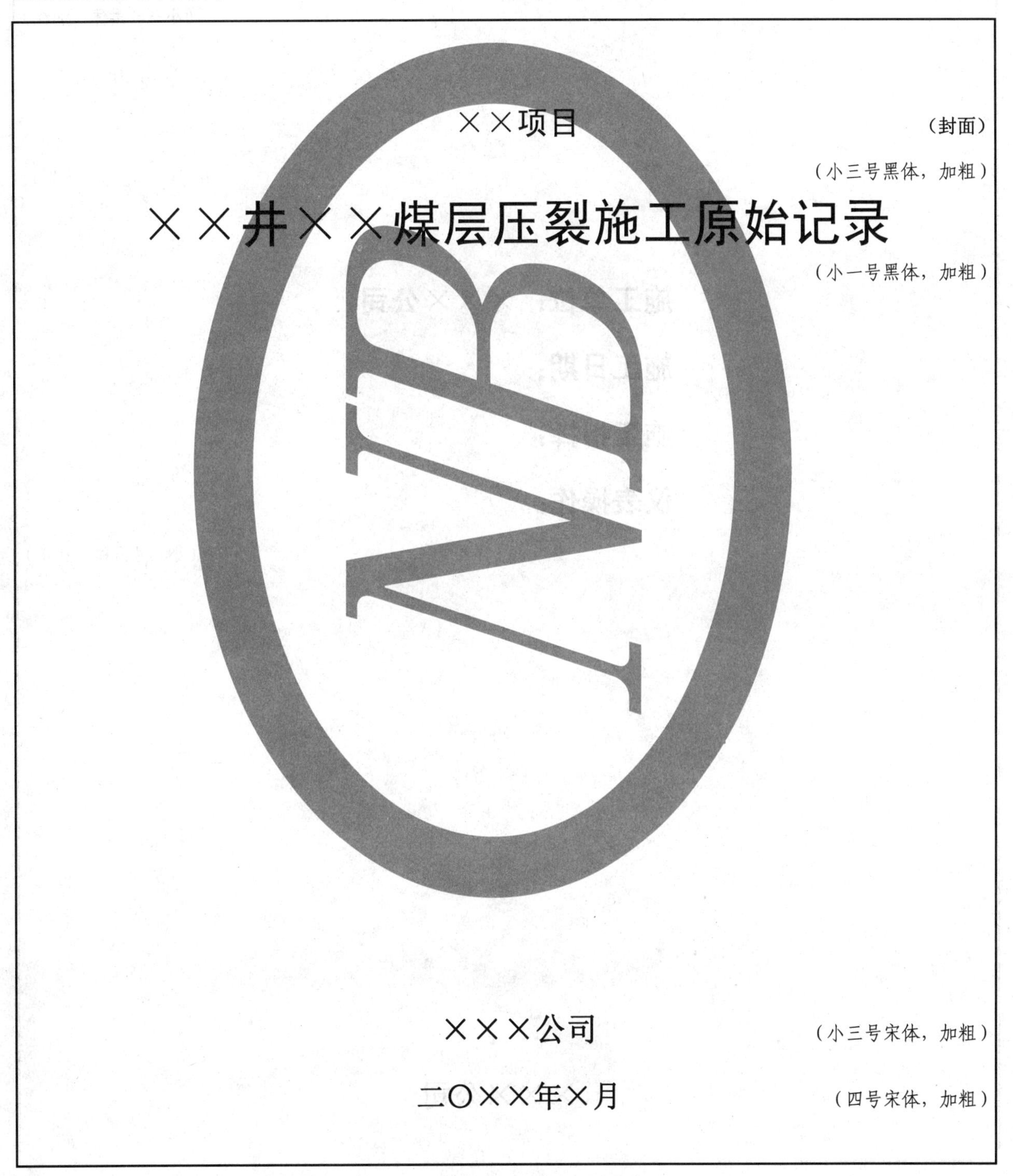

图 D.1　压裂施工原始记录封面

××项目

（小三号黑体，加粗）

××井××煤层压裂施工原始记录

（小一号黑体，加粗）

施工单位：×××公司

施工日期：

施工指挥：

仪表操作：

（小三号黑体，加粗）

×××公司

图 D.2　压裂施工原始记录首页

表 D.1 施工基本输入参数

井号	××	施工管柱	××
施工日期	××	注入方式	××
井别	××	压裂液类型	××
井段 m	××-××	压裂液配量 m^3	××
厚度 m	××	支撑剂参数	
层位	××	支撑剂类型	××
人工井底 m （以实探为准）	××	支撑剂粒径 mm	××
套管	××	支撑剂产地	××
射孔孔密 孔/m	××	支撑剂视密度 kg/m^3	××
射孔孔数	××	支撑剂真密度 kg/m^3	××
水处理器型号	××	水处理量 m^3/h	××

表 D.2 施工阶段参数

阶段名称	液体类型	阶段液量 m^3	排量 m^3/min	砂量 m^3	砂比 %	备注
试压						
预压						
测压降						
前置液						
混砂液						
顶替液						
测压降						
合计						

表 D.3 施工数据记录

阶段名称	时间 时:分	油压 MPa	套压 MPa	排量 m^3/min	阶段量 m^3	总液量 m^3	砂量 m^3	砂比 %

附 录 E
（资料性附录）
压裂施工总结格式

图 E.1～图 E.5 给出了压裂施工总结（封面、首页、目录、前言、附图）的格式。表 E.1～表 E.3 给出了压裂施工总结正文内容要求。

××项目 （封面）

（小三号黑体，加粗）

××井××煤层压裂施工总结

（小一号黑体，加粗）

×××公司 （小三号宋体，加粗）

二〇××年×月 （四号宋体，加粗）

图 E.1 压裂施工总结封面

××项目

（小三号黑体，加粗）

××井××煤层压裂施工总结

（小一号黑体，加粗）

承包单位：

技术负责：

编 写 人：

审 核 人：

（小三号黑体，加粗）

×××公司

图 E.2 压裂施工总结首页

目　　录

（三号黑体，加粗）

图 E.3　压裂施工总结目录

前　　言

（三号黑体，加粗）

××井（地理位置），（构造位置）。

我公司在中标该井作业、压裂工程后，本着对甲方负责的宗旨，精心组织人员，利用成熟、先进的工艺技术，以最大限度提高煤层气单井产量为目的，做到了资料录取全面、施工工艺精益求精、施工费用降低到较低水平。我公司负责压裂施工的前期准备和压裂后的完井工作，压裂施工由我公司压裂队负责。施工前，组织施工人员认真学习、领会施工方案，施工期间每天及时将本井生产动态向甲方汇报；技术员和现场施工负责层层把关，保证了施工质量，圆满完成了施工任务。

××井作业工期为：20××年×月×日—20××年×月×日，其主要工序为：××等。本井共施工××天，工艺达到甲方设计要求。

图 E.4　压裂施工总结前言

E.1　××井基础数据

（基本参数表）

E.2　××井压裂施工简况

20××年×月×日进行××井压裂施工。

E.3　××井压裂施工总结

E.3.1　压裂煤层射孔数据

压裂煤层射孔数据见表E.1。

表E.1　压裂煤层射孔数据表

压裂层位	射孔井段 m	射孔厚度 m	孔密 孔/m	孔数 孔	发射率 %	小层数 个
××煤层						

E.3.2　压裂技术参数

压裂技术参数见表E.2。

表E.2　压裂技术参数表

<table>
<tr><td>预压液量
m³</td><td>前置液量
m³</td><td>携砂液量
m³</td><td>顶替液量
m³</td><td>净液量
m³</td><td>砂量
m³</td><td>平均砂比
%</td><td>破裂压力
MPa</td><td>压降
MPa</td></tr>
<tr><td></td><td></td><td></td><td></td><td></td><td></td><td></td><td></td><td></td></tr>
<tr><td colspan="2">压裂井口</td><td colspan="4">井下管柱</td><td colspan="3">注入方式</td></tr>
<tr><td colspan="2">××</td><td colspan="4">××</td><td colspan="3">××</td></tr>
</table>

E.3.3　现场施工泵注程序

现场施工泵注程序见表E.3。

表E.3　现场施工泵注程序表

<table>
<tr><td rowspan="2">阶段</td><td colspan="2">时间
min</td><td rowspan="2">压力
MPa</td><td rowspan="2">排量
m³/min</td><td rowspan="2">液量
m³</td><td rowspan="2">砂比
%</td><td rowspan="2">砂量
m³</td><td rowspan="2">备注</td></tr>
<tr><td>始</td><td>止</td></tr>
<tr><td>预　压</td><td></td><td></td><td></td><td></td><td></td><td></td><td></td><td></td></tr>
<tr><td>测压降</td><td></td><td></td><td></td><td></td><td></td><td></td><td></td><td></td></tr>
<tr><td>前置液</td><td></td><td></td><td></td><td></td><td></td><td></td><td></td><td></td></tr>
<tr><td>携砂液</td><td></td><td></td><td></td><td></td><td></td><td></td><td></td><td></td></tr>
<tr><td>顶替液</td><td></td><td></td><td></td><td></td><td></td><td></td><td></td><td></td></tr>
<tr><td>测压降</td><td></td><td></td><td></td><td></td><td></td><td></td><td></td><td></td></tr>
<tr><td>合　计</td><td></td><td></td><td></td><td></td><td></td><td></td><td></td><td></td></tr>
</table>

E.3.4　压裂施工曲线

×××

E.3.5　压后小结

20××年×月×日公司压裂队在××公司××井进行压裂施工，施工层位×煤层。××施工准备完毕，经试压合格，××开始施工，经过预压、测压降、前置液、携砂液、顶替液等工序，××完成施工，并测压降××min。本次施工共加砂××m^3，平均砂比×%。

E.3.6　压裂施工数据报表

×××

E.3.7　施工总结

20××年×月×日公司压裂队在××公司××井进行压裂施工，施工层位×煤层。××施工准备完毕，经试压合格，××开始施工，经过预压、测压降、前置液、携砂液、顶替液等工序，××完成施工，并测压降××min。主要施工数据见表 E.4。

表 E.4　主要施工数据表

施工日期	
施工井号	
施工层位	
开工时间	
预压时间	
预压液量	
前置液时间	
前置液液量	
混砂液时间	
携砂液液量	
混砂液液量	
顶替液液量	
施工时间	
测压降时间	
预压压力	
最后施工压力	
最后瞬时停泵压力	
总液量	
平均砂比	
总砂量	
设计砂量	
实际砂量/设计砂量×100%	

附图：

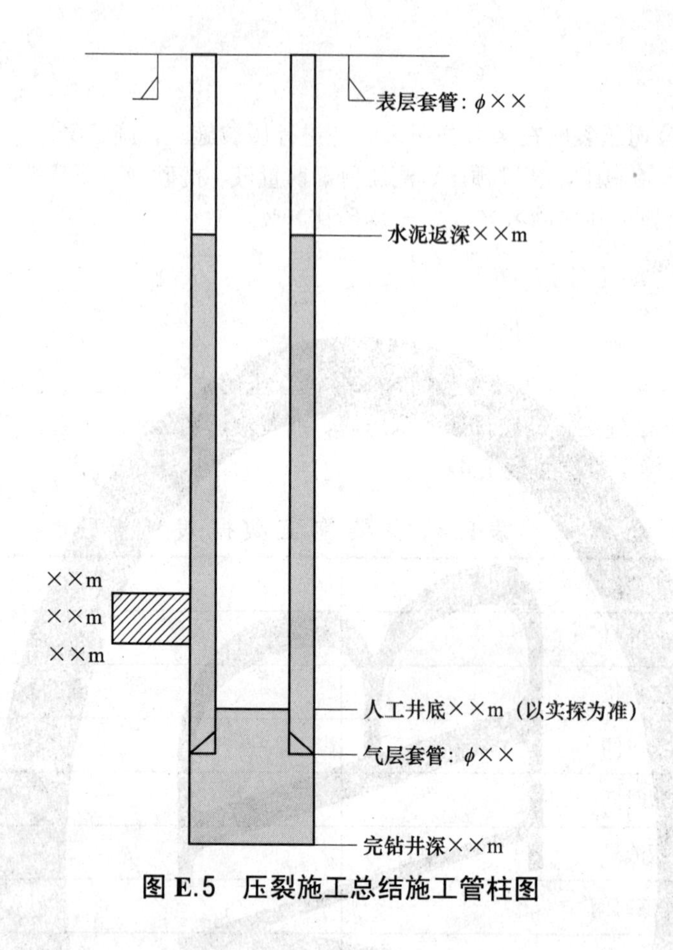

图 E.5　压裂施工总结施工管柱图

中　华　人　民　共　和　国
能 源 行 业 标 准
煤层气井压裂施工质量验收规范
NB / T 10004 — 2014
*
中国电力出版社出版、发行
（北京市东城区北京站西街 19 号　100005　http://www.cepp.sgcc.com.cn）
北京九天众诚印刷有限公司印刷
*
2014 年 8 月第一版　　2014 年 8 月北京第一次印刷
880 毫米×1230 毫米　16 开本　1.5 印张　39 千字
印数 0001—3000 册
*
统一书号 155123 • 2056　定价 **13.00** 元

上架建议：规程规范/动力工程